Bibliografische Information der Deutschen Nationalbibliothek:

Die Deutsche Bibliothek verzeichnet diese Publikation in der Deutschen National-
bibliografie; detaillierte bibliografische Daten sind im Internet über http://dnb.d-
nb.de/ abrufbar.

Impressum:

Copyright © 2010 GRIN Verlag
Druck und Bindung: Books on Demand GmbH, Norderstedt Germany
ISBN: 9783668673861

Dieses Buch bei GRIN:

https://www.grin.com/document/148511

Viviana Gropengiesser

Einfluss von Neuro-Enhancern auf unsere Handlungen bzw. auf unseren "freien Willen"

GRIN Verlag

Einfluss von Neuro-Enhancern auf unsere Handlungen bzw. „freien Willen"

Leuphana Universität Lüneburg

WiSe 09/10

Leuphanasemester

Studiengang: Wirtschaftspsychologie

Seminar: Dürfen wir Menschen verbessern? Ethik vor neuen Herausforderungen durch die Neurowissenschaften

Zeit: Wöchentlich, Freitag 10.15-11.45 Uhr

Autorin: Viviana Gropengiesser

Inhaltsverzeichnis

1. Einleitung

In dieser Hausarbeit wird der Versuch unternommen, die Folgen der Entwicklung und Einnahme von Neuro-Enhancern herzuleiten. Es geht um die Frage, ob die Persönlichkeit und das Verhalten eines Menschen bei einem Eingriff in das Gehirn verändert wird und welche Konsequenzen dies mit sich bringt. Dafür wird zunächst darauf eingegangen, was zurzeit unter Neuro-Enhancement, Determination und Willensfreiheit zu verstehen ist und in wie weit der Mensch frei in seinem Willen, also Herr seines Verhaltens ist. Im Folgenden geht es dann darum, welche Wirkung und Konsequenz ein Eingriff in das Gehirn des Menschen mit zurzeit vorhandenen Mitteln, aber auch in Zukunft entwickelten Mitteln haben kann. Schließlich geht es um ein Zukunftsszenario, welches sich aus dieser Erkenntnis entwickeln lässt.

2. Begriffserklärung

2.1 Neuro-Enhancement

Unter Neuro-Enhancement versteht man die Verbesserung von kognitiver Leistungsfähigkeit durch Medikamente (Neuro-Enhancer), die nicht zur Therapie einer starken Beeinträchtigung oder Krankheit eingesetzt werden, sondern bei klinisch Gesunden. Gesunde Menschen können mit Hilfe dieser Enhancement-mittel ihre kognitive Leistungsfähigkeit auf ein überdurchschnittliches Niveau erhöhen. Der Einsatz dieser Neuro-Enhancer ist ethisch bedenklich und wird zurzeit von vielen Wissenschaftlern diskutiert. Bisher sind kognitive Leistungsverstärker wie Red Bull oder Dextro Energy auf dem Markt, die eine erhöhte Aufmerksamkeit versprechen. Für Medikamente, die starke Auswirkungen auf die kognitive Leistungsfähigkeit haben, darf bisher noch nicht offiziell geworben werden, da damit starke ethische Bedenken zusammenhängen und auch die Nebenwirkungen noch nicht ausreichend bekannt sind. Allerdings wird schon heute, unter anderem in den USA, mit Mitteln wie Ritalin (Methylphenidat) oder Prozac unter der Hand „gedealt", die ursprünglich zur Behandlung von Depressionen oder ADHS entwickelt wurden. Heute allerdings werden diese auch von Gesunden eingenommen, um sich rundum wohler zu fühlen oder um die Konzentrationsfähigkeit zu verbessern.[12] Diese Arbeit betrachtet allerdings Neuro-Enhancement nicht nur im Hinblick auf konzentrations- oder stimmungsverbessernde Pillen

---

[1] (Stix, 2010)
[2] (Galert, et al., 2009)

sondern auch im Hinblick darauf ob die Möglichkeit besteht, dass Pillen menschliches Verhalten zugunsten weniger kontrollieren könnten.

2.2 Determinismus

Determinismus wird häufig als widersprüchlich zu der Idee der Willensfreiheit gesehen und muss daher in diesem Zusammenhang kurz erläutert werden.

„(Physikalischer Determinismus) (a) Für jeden Zeitpunkt gibt es eine wahre Proposition, die den Zustand der Welt zu diesem Zeitpunkt ausdrückt; (b) Wenn A und B zwei Propositionen sind, die den Zustand der Welt zu zwei aufeinander folgenden Zeitpunkten t_1 und t_2 ausdrücken, dann hat die Konjunktion von A (zu t_1) mit den Naturgesetzen B (zu t_2) zur Folge."[3]

Das bedeutet, dass jeder Zustand der Welt zu einem bestimmten Zeitpunkt durch einen Zustand zu einem früheren Zeitpunkt sowie den Naturgesetzen vorherbestimmt ist. Theoretisch bedeutet dies auch, dass man einen späteren Zeitpunkt vorhersagen könnte, wenn man alle Details des Zustandes des aktuellen Zeitpunktes weiß und die Wirkung der Naturgesetze auf diesen Zustand kennt. Determinismus ist unverträglich mit der Idee der Willensfreiheit, da der Mensch in einer determinierten Welt nicht in der Lage wäre vollkommen frei zu entscheiden, da seine Entscheidung durch vorherige Zustände und Naturgesetze determiniert wäre, wie alles andere auf der Welt auch. Weiterhin wehren sich Verfechter der *„naiven Willensfreiheit"*[4] gegen die Idee, dass ihr Handeln vorhergesagt werden kann.

2.3 Willensfreiheit

Um sich mit dem Einfluss von Neuro-Enhancern auf den „freien" Willen des Menschen zu beschäftigen, muss der Begriff Willensfreiheit definiert werden und es muss überprüft werden, in wie weit diese Willensfreiheit dem Menschen überhaupt zuzuschreiben ist. Zunächst lässt sich feststellen, dass ein Unterschied zwischen Handlungs- und Willensfreiheit besteht.

---

[3] (Walde, 2006)
[4] (Steinvorth, 2004)

„Handlungsfreiheit = df Vermögen, nach dem eigenen Willen oder der eigenen Natur zu handeln"[5]

Das der Mensch Handlungsfreiheit besitzt, ist zweifelsfrei erwiesen. Ein Mensch kann durch seinen Willen seine Handlungen beeinflussen und ist meist keinem Zwang ausgesetzt bestimmte Handlungen durchzuführen oder zu unterlassen. Der Mensch kann tun was er will. Handlungsfreiheit ist mit der deterministischen Weltanschauung auch durchaus verträglich. Es bedeutet, dass Menschen Entscheidungen aufgrund ihres Willens oder ihrer Natur treffen können. Treffen sie Entscheidungen aufgrund ihrer Natur, ist eine Determination durch Naturgesetze gegeben, treffen sie Entscheidungen aufgrund ihres Willens, kann die Ansicht vertreten werden, dass dieser Wille durch vorherige Ereignisse und Zustände, sowie den Naturgesetzen, determiniert ist und damit ist er determinismus-verträglich. Andererseits kann die Ansicht vertreten werden, dass der freie Wille in uns entsteht und nicht determiniert ist[6], in diesem Fall befinden wir uns in der Definition von Willensfreiheit, die von Handlungsfreiheit abzugrenzen ist und eine Erweiterung der Freiheit des Menschen bedeutet.

„Willensfreiheit = df Determination zu einer Entscheidung, die nur durch den Entscheidenden und nicht durch irgendwelche Umstände determiniert ist"[7]

Diese Definition der Willensfreiheit schließt Determination vollkommen aus und ist damit unverträglich mit der deterministischen Weltanschauung. Allerdings gibt es starke Gegenargumente gegen das Bestehen einer der Art definierten Willensfreiheit. Zunächst gibt es den Einwand, dass ein Mensch in dem was er will immer determiniert ist. Ein Wille ist nicht willkürlich, sondern beruht auf den Erfahrungen der Person und den Umständen denen sie ausgesetzt ist. Zum Beispiel ist der Wille, eine gute Ausbildung zu machen, unter anderem durch Erziehung, gesellschaftliche Normen und den finanziellen und sozialen Umständen determiniert. Damit ist dieser Wille durch äußere Umstände determiniert und nicht vereinbar mit dieser Definition der Willensfreiheit. Mit den meisten, um nicht zu sagen mit allen anderen, Willensentscheidungen verhält es sich ähnlich.[8] Ein zweiter Einwand lässt diese Art von Willensfreiheit nahezu absurd wirken.

---

[5] Ebenda
[6] So auch (Steinvorth, 2004)
[7] (Steinvorth, 2004)
[8] Ebenda

„[…]wenn eine Entscheidung nur durch den, der entscheidet, und sonst durch nichts determiniert ist, ist sie offenbar gar nicht <u>determiniert</u>.“[9]

Wenn eine Entscheidung nun gar nicht determiniert ist, bedeutet das allerdings, dass ein Wille oder eine Entscheidung durch nichts verursacht wird und auf keinerlei Grundlage basiert und damit vollkommen willkürlich und zufällig getroffen wird. Ein derart „sinnloser" Wille lässt sich nicht mit dem westlichen Weltbild vereinen, in dem ein Mensch sinnvolle, „verantwortliche"[10] Entscheidungen trifft und ist von daher nicht nur sinnlos, sondern auch nicht wünschenswert. [11] Eine ähnliche Definition der Willensfreiheit besagt, dass *„man unter identischen Bedingungen auch anders hätte handeln und entscheiden können, als man es faktisch tat"*[12]. Auch diese Definition von Willensfreiheit impliziert, dass die Entscheidung nicht auf der aktuellen Verfassung des Entscheiders beruht oder den äußeren Umständen, da, wenn sie es täte, bei völlig gleichen Gegebenheiten, die Person natürlich wieder genau so gehandelt hätte. Das heißt aber ebenfalls, dass die Entscheidung willkürlich getroffen wurde und damit befinden wir uns an demselben widersprüchlichen Punkt. Offensichtlich kann und sollte eine naive Willensfreiheit, in der der Mensch der alleinige Urheber der Handlung ist, dem Menschen nicht zugeschrieben werden. Bedeutet das, dass wir nur Handlungsfreiheit, jedoch keine Art von Willensfreiheit besitzen? Um diese Frage zu klären wird im Folgenden auf eine weitere *„indirekte Definition"*[13] der Willensfreiheit eingegangen. Dazu gehört unter anderem die Idee einer Willensfreiheit, die unsere Wünsche in Wünsche erster und zweiter Ordnung unterteilt. Wünsche erster Ordnung wären hierbei spontane Wünsche und Wünsche zweiter Ordnung solche, die die Wünsche erster Ordnung nach der Reflexion zu beeinflussen suchen.[14] Das heißt, der Mensch wäre nach dieser Definition willensfrei, wenn *„[…]auf der ersten Stufe die Wünsche handlungswirksam werden, von denen ich auf der zweiten Stufe will, dass sie handlungswirksam werden."*[15] Im Grunde, wenn man beeinflussen kann was man wollen will. Was ein Mensch im Endeffekt wollen will, hängt deutlich von äußeren Umständen wie zum Beispiel Moralvorstellungen ab, denn woher, wenn nicht von äußeren Umständen, soll einem Wunsch eine höhere Bedeutung gegeben werden als einem anderen Wunsch? Eine solche

---

[9] Ebenda
[10] Hier stellt sich die Frage nach der Verantwortlichkeit eines Menschen bei Annahme der Determination, allerdings kann diese Thematik in diesem Rahmen nicht weiter ausgeführt werden
[11] So auch (Steinvorth, 2004)
[12] (Goschke, 2006)
[13] (Steinvorth, 2004)
[14] (Steinvorth, 2004) (Beckermann, 2004)
[15] (Beckermann, 2004)

Willensfreiheit kann dem Menschen durchaus zugeschrieben werden (abgesehen von Süchtigen zum Beispiel)[16], allerdings ist diese Art von Willensfreiheit ebenfalls verträglich mit dem Determinismus, da äußere Umstände beeinflussen, welcher Wunsch handlungswirksam wird. An diesem Punkt stellt sich die Frage, in wie weit sich diese Definition dann noch von der der Handlungsfreiheit abgrenzt. Die Definition der Handlungsfreiheit schließt ebenfalls den Gedanken ein, dass äußere Umstände den Willen beeinflussen, sei es der Wille erster, zweiter oder n-ter Stufe. Hier wird ein großes Problem in der Debatte der Willensfreiheit deutlich. Entweder man folgt der Idee der deterministischen Weltanschauung, dann wird es immer schwierig sein, die Definition der Willensfreiheit, die determinismusverträglich ist, von der der Handlungsfreiheit abzugrenzen und ihr damit einen Sinn zu geben, da alles darauf hinausläuft, dass Menschen zwar frei handeln, aber eben doch im Willen determiniert und nicht völlig frei sind. Oder man folgt der indeterministischen Weltanschauung, dann stellt sich direkt die Frage nach dem Sinn und der Logik einer Entscheidung, die ohne Hintergrund und völlig aus dem Nichts heraus getroffen wird.[17] Daher basiert im Folgenden diese Arbeit auf einer „erweiterten" Definition der Handlungsfreiheit, die determinismusverträglich ist und dem Menschen Reflexionsvermögen und Urteilsvermögen zuschreibt. Weiterhin basiert diese Arbeit auf dem Monismus-Gedanken, der in der modernen Hirnforschung seinen Platz findet. Es wird davon ausgegangen, dass unsere Gedanken und Gefühle physiologische, materielle Prozesse sind, die im Gehirn stattfinden und auch deswegen biologisch determiniert sein können und Einfluss auf unsere Handlungen haben können. Dass die Persönlichkeit Einfluss auf unsere Handlungen hat, haben wir bereits festgestellt (Handlungsfreiheit), allerdings ist die Ansicht, dass das Selbst eines Menschen ein immaterielles Konstrukt ist, immer noch weit verbreitet. Anhänger des Dualismus-Prinzips vertreten die Ansicht, die Persönlichkeit oder das Ich (unsere Seele) sei immateriell und existiere unabhängig von jeglichen materiellen Strukturen, könne allerdings diese beeinflussen und andersherum. In diesem Fall kann behauptet werden, dass es die Seele ist, die entscheidet. Wissenschaftlich betrachtet spricht einiges gegen diese Theorie. Zum einen stellt sich die Frage, wie ein immaterielles Selbst Einfluss auf den materiellen Körper ausüben soll. Mit welchen „Mitteln" veranlasst also eine immaterielle Struktur eine materielle Struktur, zum Beispiel, eine bestimmte Bewegung auszuführen. Zum anderen können Gedanken und Emotionen schon jetzt mit, zum Beispiel,

---

[16] (Beckermann, 2004)
[17] So auch (Steinvorth, 2004)

dem Elektroenzephalogramm Teilen des Gehirns zugeordnet werden. Diese Argumente sprechen deutlich für das Monismus-Prinzip, welches besagt, dass seelische Phänomene auf materielle Strukturen zurückzuführen sind und ohne diese nicht existieren. Wenn Gedanken ebenfalls „physikalische" Vorgänge im Gehirn sind, lässt sich erstens erklären wie diese faktisch Einfluss auf unsere Handlungen haben können und zweitens warum man sie bestimmten Teilen des Gehirns zuordnen kann. Diese Annahme (die im Folgenden als gegeben betrachtet wird), lässt die Frage aufkommen, ob es denn wirklich wir sind, also ob es unsere „Seele" ist, die handelt oder nur unser Gehirn, das biologisch determiniert ist und uns nur „vorgaukelt" bewusst Entscheidungen treffen zu können. Es stellt sich die Frage, ob der Mensch wirklich auch dann handlungsfrei ist, wenn seine Gedanken und alles was seine Persönlichkeit ausmacht, auf materielle Strukturen zurückgeht, ob physikalische, materielle Entscheidungsprozesse noch auf das Ich, die „Seele" des Menschen, zurückführbar sind. Dazu muss verstanden werden, was das Ich, also die Persönlichkeit überhaupt ist. Wie wird Persönlichkeit definiert? *„Persönlichkeit ist ein bei jedem Menschen einzigartiges, relativ <u>überdauerndes</u> und <u>stabiles</u> Verhaltenskorrelat."*[18] Das bedeutet, dass die Persönlichkeit als Bedingung für Verhalten betrachtet wird und Persönlichkeitsmerkmale Unterschiede zwischen Menschen verdeutlichen. Wir leiten Persönlichkeitsmerkmale von dem Verhalten einer Person ab, da die Persönlichkeit das Verhalten beeinflusst. Die Frage ist nun, wie eine Persönlichkeit entsteht. Es ist unbestritten, dass eine Persönlichkeit sich über die Zeit formt. Jeder Mensch verändert sich vom Tag seiner Geburt bis zum Zeitpunkt seines Todes. Diese Veränderungen basieren auf Erfahrungen. Das bedeutet, eine Persönlichkeit besteht aus angeborenen Merkmalen, die ein Kind von seinen Eltern geerbt hat und allem, was der Mensch bis zum Zeitpunkt, an dem man die Persönlichkeit betrachtet, gelernt und erfahren hat.[19]Die Gene beeinflussen die Proteinbildung und damit viele Merkmale eines Menschen, wie zum Beispiel Ausprägung der körperlichen Eigenschaften oder aber auch Intelligenz. Lernprozesse aufgrund von Erfahrungen während des Lebens und vor allem in den jungen Jahren führen zu einer Modifikation des Gehirns. Diese Veränderungen der Gehirnleistung nennt man Plastizität. Neue Synapsen bilden sich aus oder bestehende Synapsen kommunizieren in anderer Art und Weise miteinander. Neurogenese hingegen wird der Prozess genannt, bei dem sich neue Gehirnzellen aus natürlichen Stammzellen entwickeln.

---

[18] Zit. nach Höger, Vorlesung 6, Leuphana, Wirtschaftspsychologie, 1.Semester, S.3
[19]So auch (Walkowiak, 2006)

Dies ist von Bedeutung beim Ausbilden von Gedächtnisspuren und deren Zugänglichkeit.[20] Wenn man davon ausgeht, dass die Persönlichkeit eines Menschen, also sein Ich, sich aufgrund von Erfahrungen und äußeren Umständen entwickelt, ist die Unterscheidung zwischen Ich und Gehirn im Grunde überflüssig. Das Gehirn ist unser Ich. Physikalische äußere Umstände, seien es Lichtwellen oder Schallwellen, treffen die Wahrnehmungsorgane unseres Körpers, diese schicken alle Informationen an das Gehirn, welches diese Informationen verarbeitet. Manche Umstände werden gar nicht bewusst wahrgenommen (sensorisches Gedächtnis), andere nur für einen kurzen Zeitraum (Kurzzeitgedächtnis) und manche werden über lange Zeit erinnert (Langzeitgedächtnis). Im Langzeitgedächtnis gibt es zum Einen das deklarative, explizite Gedächtnis, zu dem das episodische, autobiografische und das Wissens- oder Fachgedächtnis gehört. Zum Anderen gibt es das nicht-deklarative, implizite, prozedurale Gedächtnis, zu dem das Fertigkeitsgedächtnis gehört, in dem automatisierte Handlungsprozeduren gespeichert sind und das emotionale Gedächtnis, welches das Erlebte bewertet.[21] All diese Vorgänge laufen in unserem Gehirn, in einer materiellen Struktur ab; trotzdem ist gerade das Langzeitgedächtnis ein wichtiger Teil unserer Persönlichkeit. Wenn wir also davon ausgehen, dass einzig die Persönlichkeit das Verhalten bedingt, ist unsere Persönlichkeit (unsere „Seele") unser Gehirn. In diesem Zusammenhang darf also kein Unterschied zwischen der „Seele" eines Menschen gemacht werden und seinem Gehirn. Ein weiterer Hinweis darauf, dass die „Seele" eines Menschen im Gehirn lokalisierbar ist, ist der Fall des Phineas Gage. Aufgrund von einem Autounfall wurde sein präfrontaler Kortex zerstört. Die Folge dieser Verletzung im Gehirn war ein dramatischer Wandel seiner Persönlichkeit. Seit diesem Unfall war er zum Beispiel sehr aggressiv gegenüber Frauen, obwohl er vorher als liebevoll und verständnisvoll galt. Diese Theorie (Gehirn = Ich, Selbst, Seele, Persönlichkeit) wird im Folgenden wieder aufgegriffen und bei genauerer Betrachtung der Funktionsweise des Gehirns erneut überprüft.

---

[20] (Gerrig & Zimbardo, 2008)
[21] (Walkowiak, 2006)

3. Einfluss von Neuro-Enhancern auf den Willen

3.1 Funktionsweise eines Willensbildungs- bzw. Handlungsprozesses im Gehirn

Was geschieht bei einer einfachen Handlung? Zunächst einmal ist die Grundlage einer Handlung ein *„intentionaler Mechanismus"*[22]. Dies ist z.B. ein Wunsch oder ein Verlangen. Das Gehirn lässt von da an ein Handlungsprogramm ablaufen, das im prozeduralen Gedächtnis gespeichert ist. Solche Handlungen werden uns meist nicht bewusst, dadurch können diese Handlungen schneller ausgeführt werden. Im Falle eines Wunsches, sucht der Mensch seine Umgebung nach Möglichkeiten ab, diesen zu erfüllen. Findet er das Objekt, stabilisiert und fixiert sich der Blick auf ihm und das Gehirn erstellt ein Bild seiner Umgebung. Zunächst zweidimensional, dann dreidimensional. Aufgrund dieser Vorlage kann es nun Richtung der Bewegung und Kraftaufwand errechnen und sendet dann spezifische „Kommandos" an die jeweiligen Körperteile, die die Handlung dann ausführen. Informationen darüber, ob die Handlung der Situation angemessen war, senden somatosensorische Rezeptoren oder zum Beispiel das Auge zurück an das Gehirn. Wenn die Erwartung nicht mit der Situation übereinstimmte muss die Handlung korrigiert werden.[23] Die verschiedenen Informationen, zum Beispiel visueller oder auditorischer Art gehen in verschiedenen Teilen des Gehirns ein, auch Informationen aus dem eigenen Körper sind im Gehirn repräsentiert. Aus diesen einfachen sensorischen Arealen werden die Informationen an *„Assoziationsareale"*[24] weitergegeben. Aus allen Assoziationsarealen wird nun die Information an den präfrontalen Kortex gegeben. Der Kortex „kooperiert" mit den Basalganglien und dem limbischen System. Zum limbischen System zählen unteranderem der Hippocampus (Ausbildung des expliziten Gedächtnisses) und die Amygdala (Sitz der Emotionen). Manche Basalganglien besitzen motorische und sensorische, andere limbische Funktionen.[25]Diese drei Strukturen, Kortex, Basalganglien und das limbische System, haben eine entscheidende Funktion in der Handlungsplanung. Sie sortieren Sachverhalte in den Kontext ein und selektieren angemessene Handlungsmöglichkeiten aus der Auswahl aller Handlungsmöglichkeiten aus. Sogenannte *„Schleifensysteme"*[26] verbinden die drei Strukturen miteinander und ermöglichen

---

[22] Ebenda
[23] Ebenda
[24] Ebenda
[25] Ebenda
[26] Ebenda

die „Zusammenarbeit", die einen Handlungsantrieb ermöglicht.[27] Insgesamt werden Informationen über die Außenwelt mit Gedächtnisinhalten aller Gedächtnisarten in Verbindung gebracht. Die Informationen von außen werden verarbeitet, und „das Gedächtnis" selektiert die optimale Handlungsmöglichkeit heraus, die dann über motorische Systeme ausgeführt wird. Welche neuronalen Prozesse ganz genau bei dieser Prozedur ablaufen ist bisher nicht bekannt, allerdings scheinen manche Handlungsmöglichkeiten nicht ausgeführt zu werden, da eine Inhibition (Hemmung) stattfindet und im Endeffekt nur eine Handlungsmöglichkeit übrig bleibt, die nicht gehemmt, sondern „unterstützt" wird und damit ausgeführt wird. All das bestätigt die Theorie des Gehirns als unsere Persönlichkeit. Es tut genau das physikalisch, was der Mensch seiner Seele zuschreibt.

3.2 Einfluss von Neuro-Enhancern: Möglichkeit und Intensität

Es wurde also festgestellt, dass der Mensch keinen direkt freien Willen, sondern nur Handlungsfreiheit besitzt und diese Handlungsfreiheit auf einer materiellen Struktur, dem Gehirn, basiert, welches sich aufgrund aller Erfahrungen einer Person so formt, wie es im Endeffekt ist. Bedeutet das nicht auch, dass Medikamente drastisch in die Struktur der Persönlichkeit eines Menschen eingreifen können und damit die Grundlage seiner Handlungen verändern können? Um diese Frage zu klären, werden im Folgenden zwei bekannte und weit verbreitete Neuro-Enhancer und deren Wirkung auf Persönlichkeit und Verhalten betrachtet.

3.2.1 Methylphenidat

Methylphenidat (Ritalin) ist ein Medikament, das ursprünglich zur Behandlung von ADHS (Aufmerksamkeitsdefizit-Hyperaktivitätssyndrom) und Narkolepsie entwickelt wurde. Es soll die kognitive Leistungsfähigkeit erhöhen. Aufmerksamkeit, Konzentration, Gedächtnisleistung, sowie das Gefühl, die Welt durch eine *„schärfere Brille"*[28] zu sehen werden durch die Einnahme verstärkt bzw. erzeugt.[29]

Normalerweise werden in der Präsynapse bei Ankommen des Aktionspotentials die Vesikel mit den Neurotransmittern, in diesem Fall Dopamin, in den synaptischen Spalt ausgeschüttet. Viele docken dann an die Postsynapse an und lösen dort eine Reaktion, meist eine

---

[27] Ebenda
[28] (Stix, 2010)
[29] Ebenda

Depolarisation, aufgrund eines Na+-Ionen Einstroms, aus und lösen damit ein Aktionspotential aus, welches die Erregung weitergibt. Die Neurotransmitter aus dem Spalt werden allerdings von einer Pumpe wieder zurück in die Präsynapse gepumpt. Bei Verabreichung von Methylphenidat werden durch den Wirkstoff die Pumpen, die das Dopamin zurück in das präsynaptische Neuron pumpen sollen, blockiert. Der Neurotransmitter bleibt so länger im synaptischen Spalt und kann damit an mehr bzw. häufiger an denselben Bindungsstellen des postsynaptischen Neurons binden und verstärkt damit die Wirkung in der Postsynapse. Die Verstärkung der Signale verbessert die Aufmerksamkeit und das Interesse an den Aufgaben und erhöht damit die Lernfähigkeit. Allerdings ist die Wirkung dieses Mittels noch nicht ausreichend bewiesen. Weiterhin gibt es starke ethische Einwände, bei denen es um Sicherheit, Fairness und Nötigung geht, gegen die Einnahme solcher Medikamente zur Verbesserung einer gesunden Hirnleistung. Diese werden in diesem Rahmen nicht weiter diskutiert. Zudem gibt es die Befürchtung, dass manche dieser Mittel abhängig machen können. Doch nicht nur das stellt ein Risiko dar, auch kann man bisher nicht einschätzen, in wie weit ein Eingriff in das gesunde Stoffwechselsystems des Gehirns spätere Folgen hervorrufen kann. Nebenwirkungen, die bisher bekannt sind, sind Herz-Kreislauf-Störungen, Krämpfe und Halluzinationen, bis hin zu Symptomen, die bisher bei Schizophrenie-Erkrankten beobachtet wurden.[30] Zudem scheint es, als wirke Methylphenidat zum einen ausschließlich leistungsfördernd bei simplen, langweiligen Aufgaben, allerdings eher leistungshemmend bei komplexen Aufgabenstellungen und zum anderen weder leistungsfördernd bei langem Schlafentzug oder bei älteren Menschen oder im Hinblick auf zum Beispiel Sprachgewandtheit.[31]

3.2.2 Selektive Serotonin-Wiederaufnahmehemmer

Selektive Serotonin-Wiederaufnahmehemmer (SSRIs), zum Beispiel Fluoxetin (Prozac), wurden ursprünglich entwickelt als Antidepressiva, die depressiven Menschen helfen sollten. Heutzutage werden diese SSRIs häufig nicht nur von Depressiven zur Behandlung ihrer Krankheit eingenommen, sondern als Neuro-Enhancement-Mittel zu sich genommen und sollen Gesunden als Stimmungsaufheller dienen.[32] Serotoninneurone regeln Stimmung, Schlaf-wach-Rhythmus, Schmerzwahrnehmung, Nahrungsaufnahme und

---

[30] (Aktories, Förstermann, Hofmann, & Starke, 2005) (Stix, 2010)
[31] (Stix, 2010)
[32] (Paulus, 2010)

Körpertemperatur.[33] SSRIs verhindern die Wiederaufnahme des Neurotransmitters Serotonin in die präsynaptische Zelle. Damit befindet er sich länger im präsynaptischen Spalt und steht der postssynaptischen Zelle zur Aufnahme zur Verfügung. Die Wirkung der Ausschüttung hält länger an, wird also verstärkt.

Zu beobachten ist, dass die stimmungsaufhellende Wirkung erst nach zwei Wochen eintritt, obwohl der chemische Prozess der Wiederaufnahmeinhibition innerhalb von wenigen Minuten abgeschlossen ist. Das führt zu der Annahme, dass dieses Medikament nur eine Reihe von Geschehnissen im Gehirn auslöst, die letztendlich eine positive Wirkung auf die Stimmung erzielen. Die *„Folgewirkung der Transporthemmung"*[34] scheint einen großen Einfluss auf die Auswirkungen des Medikamentes zu haben. Es wirkt also, aber wie genau ist bisher noch nicht bekannt.[35][36]Gegen die Einnahme dieses Medikamentes sprechen zunächst zwei wichtige Aspekte. Zum einen sind Nebenwirkungen keine Ausnahme, sondern gerade zum Beginn der Einnahme der Regelfall. Zu den Nebenwirkungen gehören Übelkeit, Kopfschmerzen und Störungen des Magen-Darm-Traktes.[37] Zum anderen ist die Wirkung der Antidepressiva bisher immer noch stark umstritten. Von insgesamt 74 Studien der Herstellerfirmen von Antidepressivamitteln fielen nur 37 (also genau die Hälfte) positiv aus, also bestätigten die Wirkung. Die andere Hälfte der Studien belegte die Wirksamkeit der Mittel nicht. Der Großteil dieser Studien wurde von den Firmen nicht veröffentlicht, wohingegen alle positiven Studien bis auf eine veröffentlicht wurden. Außerdem wurde bei der Auswertung der Experimente nicht sorgfältig gearbeitet. Versuchspersonen, die das Experiment vorzeitig abgebrochen hatten, wahrscheinlich mitunter aufgrund von starken Nebenwirkungen oder der Tatsache, dass das Mittel nicht wirkte, wurden aus der Analyse herausgestrichen und fielen damit aus der Auswertung komplett heraus. Bei Experimenten mit anderen, neueren Antidepressiva stellte sich heraus, dass der Unterschied zwischen einem wirksamen Mittel und einem nicht wirksamen Mittel erst bei der Behandlung von schwer depressiven Patienten zu Tage kommt. Bei Menschen mit leichten Depressionen oder fast gar keinen wird der Unterschied in der Qualität der Medikamente daher nicht deutlich, da einerseits leichte Depressionen auch ohne medikamentöse Behandlung nach kurzer Zeit meist wieder verfliegen und andererseits der

---

[33] (Aktories, Förstermann, Hofmann, & Starke, 2005)
[34] Ebenda
[35] Ebenda
[36] (Paulus, 2010)
[37] (Aktories, Förstermann, Hofmann, & Starke, 2005)

sogenannte „Placeboeffekt" bei leichten Depressionen oder gar keinen Depressionen auftreten kann und auch eine starke Wirkung zeigt. Das bedeutet, dass die Menschen nur aufgrund der Tatsache, dass sie an die Wirkung der Medikamente glaubten, die Wirkung auch tatsächlich verspürten. Bei einem Experiment mit einer Kontrollgruppe, die Placebo verabreicht bekamen, stellte sich heraus, dass sich am Ende der Versuchszeit 53 % der Patienten besser fühlten, die ein tatsächliches Medikamenten einnahmen, aber auch 42 % derjenigen, die ein Placebo verabreicht bekommen hatten. Die meisten Antidepressiva wirken also nur bei leicht Betroffenen, ob aufgrund der Überzeugung der Personen oder ihrer tatsächlichen Wirkung ist noch nicht klar. Bei stark Depressiven wirken die meisten bisher entwickelten Medikamente nicht. Weiterhin gibt es erhebliche individuelle Unterschiede bei der Reaktion auf die Medikamenteneinnahme. Worauf genau diese Unterschiede zurückzuführen sind ist bisher nicht bekannt.[38]

3.3 Mögliche gesellschaftliche Konsequenzen

Die Wirkung von stimmungsaufhellenden Medikamenten, wie zum Beispiel den SSRIs, ist also offensichtlich noch nicht belegt und stark umstritten. Andererseits muss festgehalten werden, dass es Menschen gibt und nicht wenige, die auf diese Mittel mit dem gewünschten Effekt reagieren und dass man nicht weiß, welche genauen Vorgänge im Gehirn ablaufen. Offensichtlich ist es allerdings ein Eingriff in die Persönlichkeit, wie Erfahrungsberichte von „Patienten" zeigen. Ehemals schüchterne Menschen konnten nun unbeschwert auf andere zugehen. Intro- bzw. Extraversion ist allerdings ein Merkmal, das meist mit der Struktur unserer Persönlichkeit in Verbindung gebracht wird. Bisher steht die Menschheit noch am Anfang ihrer Studien über das Gehirn. Das Gehirn ist noch lange nicht komplett erforscht und bisher befinden sich genaue Abläufe von Gedächtnisbildung, Persönlichkeitsbildung und Handlungsprozessen noch im Dunkeln. Allerdings, wenn es den Menschen gelingen sollte die Funktionsweise des Gehirns aufzudecken, werden Möglichkeiten entstehen ganz massiv in dessen Funktionsweise einzugreifen, was zum Teil schon heute, nur bisher noch ohne ausreichendes Vorwissen, geschieht. Was allerdings passiert, wenn Wissenschaftler herausfinden, wie Erinnerungen gezielt gelöscht oder aber sogar aus dem Nichts hervorgerufen werden können? Man könnte ein Menschenleben löschen und durch ein anderes erfüllteres Leben ersetzen. Es wäre somit denkbar Menschen durch Stoffe im

---

[38] (Paulus, 2010)

Trinkwasser zu kontrollieren. All das wird wahrscheinlich möglich sein, wenn das Gehirn komplett verstanden ist, da alle diese Prozesse auf Chemie beruhen und durchaus mit genügend chemischem Verständnis beeinflussbar sind. Wie wird dann Werbung funktionieren? Schon jetzt wird gezielt darüber nachgedacht, durch Duftstoff-USB-Sticks während einer Werbung die Wirkung zu verstärken und ein Verlangen hervorzurufen, da unbewusste Einflüsse, wie zum Beispiel Duft, einen sehr starken Einfluss haben auf unser Empfinden. Da sie unbewusst ablaufen sind sie auch sehr schwer bewusst von den Menschen beeinflussbar und aufzuhalten. Man stelle sich vor, die Funktionsweise des Gehirns, unseres Ichs, ist ergründet und wenige Menschen kennen die chemischen Schlüssel zu den gewollten Reaktionen. Sie wären in der Lage menschliches Verhalten zu kontrollieren und die Menschen in die Richtung zu verändern, ihnen solche Persönlichkeiten zu geben, die ihnen nützen. Unsere Handlungen basierten auf einer Persönlichkeit, die nicht mehr „uns" gehört, sondern erschaffen wurde und dementsprechend ist das Verhalten, analog zur Funktionsweise des Gehirns, kontrollierbar. Die Funktionsweise der Neuro-Enhancer der Gegenwart gibt einen Einblick auf die Möglichkeiten der Zukunft. Schon jetzt ist es möglich aus unglücklichen, unzufriedenen, schüchternen und leistungsschwachen Menschen, glückliche, extravertierte Menschen zu erschaffen, die Leistung bringen und wir befinden uns in einem Stadium der Wissenschaft in dem bisher ein verschwindend kleiner Teil des Gehirns wirklich verstanden wird. Wenn viele Menschen schon jetzt zu diesen Mitteln freiwillig greifen, um ihr Leben zu vereinfachen, wie einfach wird es für Menschen in der Zukunft, in der der Leistungsdruck wahrscheinlich noch größer sein wird, ihre Medikamente, die zufriedener, aber vielleicht auch gefügiger machen, an „freiwillige"[39] Kunden zu verkaufen. Wahrscheinlich muss die Verabreichung von Medikamenten in einer solchen Gesellschaft nicht einmal heimlich vollzogen werden, sondern die Menschen werden freiwillig oder aufgrund von sozialem Sog Medikamente, dessen genaue Wirkung sie, wie auch heute, nicht kennen, zu sich nehmen. Die Konsequenz wäre eine zufriedene Leistungsgesellschaft, in der die Menschen, die das Wissen über die Funktionsweise von den anderen Menschen besitzen, die Macht ergreifen können. Handlungsfreiheit wäre nur noch eine Illusion, da der Mensch immer noch der Meinung ist, entscheiden zu können was er tut, allerdings nicht von der Umwelt determiniert ist, sondern direkt durch Einnahme chemischer Substanzen, die eine bestimmte Reaktion hervorrufen

---

[39] In diesem Zusammenhang spielt die Thematik des sozialen Druck eine große Rolle die allerdings hier nicht weiter erläutert werden kann.

oder aber das Gehirn so nachhaltig verändern, das die Person die gewollte Persönlichkeit entwickelt und bestimmte Handlungen ausführt.

4.Fazit

Nach intensiver Beschäftigung mit dem Thema wird deutlich, dass ein Eingriff in unser Gehirn schwerwiegende Folgen haben kann, sowohl in der Gegenwart, ohne ausreichendes Wissen über die Funktionsweise des Gehirns, als auch in der Zukunft, wenn der Mensch über dieses Wissen wahrscheinlich verfügt. Ein Eingriff in unser Gehirn ist ein Eingriff in die Grundlage des Verhaltens eines Menschen, in Teile seines Lebens und in seine Persönlichkeit. Die Einnahme von Neuro-Enhancern, die in die Struktur und Funktionsweise unseres Gehirns eingreifen, ist mit weitgreifenden Risiken verbunden. Nicht nur kann es aufgrund von Unwissenheit zu unabsehbaren Folgen kommen und Nebenwirkungen können entstehen. Die Situation in der sich die Menschheit befindet, wenn das nötige Wissen vorhanden ist, ist viel prekärer. Kann das Gehirn einer Person kontrolliert werden, wird alles an ihm kontrolliert. Dieses Zukunftsszenario stellt eine Bedrohung für unser Menschenbild dar. In dieser Zukunft fungiert der Mensch nicht mehr als freies, selbstständiges, individuelles Wesen, sondern sein Selbst ist erstellt und manipuliert. Neuro-Enhancer scheinen auf den ersten Blick sehr viele Vorteile mit sich zu bringen, ein Phänomen, das es umso schwerer macht, Menschen an der Einnahme zu hindern. Bei genauerer Betrachtung allerdings kommen gravierende Nachteile zu Tage, die es herauszufinden und zu analysieren gilt um im Endeffekt Vor- und Nachteile ins Verhältnis setzen zu können.

Bibliografie

Aktories,K., Förstermann,U., Hofmann,B., & Starke,K. (Hrsg.). (2005). *Allgemeine und spezielle Pharmakologie und Toxikologie.* München: Urban & Fischer.

Beckermann, A. (2004). Schließt biologische Determiniertheit Freiheit aus? In F. Hermanni, & P. Koslowski (Hrsg.), *Der freie und der unfreie Wille* (S. 19-32). München: Fink.

Galert, T., Bublitz, C., Heuser, I., Merkel, R., Repantis, D., Schöne-Seifert, B., et al. (November 2009). Das optimierte Gehirn. *Gehirn & Geist Das optimierte Gehirn* , S. 40-48.

Gerrig, R. J., & Zimbardo, P. G. (2008). Psychologie. München: Pearson Studium.

Goschke, T. (2006). Der bedingte Wille. Willensfreiheit und Selbststeuerung aus der Sicht der kognitiven Neurowissenschaft. In G. Roth, & K.-J. Grün (Hrsg.), *Das Gehirn und seine Freiheit* (S. 107-156). Göttingen: Vandenhoeck & Ruprecht.

Paulus, J. (März 2010). Überschätzte Glücksbringer. *Gehirn&Geist Was die Psyche stark macht* , S. 68-73.

Steinvorth, U. (2004). In welchem Sinn hat der Mensch einen freien Willen. In F. Hermanni, & P. Koslowski (Hrsg.), *Der freie und der unfreie Wille* (S. 1-17). München: Fink.

Stix, G. (Januar 2010). Doping für das Gehirn. *Spektrum der Wissenschaft* , S. 46-54.

Walde, B. (2006). Was ist Willensfreiheit? Freiheitskonzepte zwischen Determinismus und Indeterminismus. In H. Fink, & R. Rosenzweig (Hrsg.), *Freier Wille-frommer Wunsch? Gehirn und Willensfreiheit* (S. 91-115). Paderborn: Mentis.

Walkowiak, W. (2006). Wille wo bist du? Handlungsplanung und selektion aus neurobiologischer Sicht. In H. Fink, & R. Rosenzweig (Hrsg.), *Freier Wille - frommer Wunsch? Gehirn und Willensfreiheit* (S. 47-66). paderborn: mentis.

BEI GRIN MACHT SICH IHR WISSEN BEZAHLT

- Wir veröffentlichen Ihre Hausarbeit, Bachelor- und Masterarbeit

- Ihr eigenes eBook und Buch - weltweit in allen wichtigen Shops

- Verdienen Sie an jedem Verkauf

Jetzt bei www.GRIN.com hochladen und kostenlos publizieren